航空发动机科普丛书

U0254417

发仔

最"靓"的仔

"皇冠上的明珠"航空发动机

（第2册）

中国航发融媒体中心◎编

人民邮电出版社

北 京

图书在版编目（CIP）数据

发仔最"靓"的仔："皇冠上的明珠"航空发动机.
第 2 册 / 中国航发融媒体中心编. -- 北京：人民邮电出
版社，2025. --（航空发动机科普丛书）. -- ISBN 978
-7-115-66158-6

Ⅰ. V23-49

中国国家版本馆 CIP 数据核字第 2024HQ0720 号

内 容 提 要

航空发动机是国之重器，是国家科技实力和创新能力的重要体现。本书从飞机起飞原理，到航空
发动机的设计制造，再到原型机试验以及适航等，多方面介绍航空发动机的相关知识。本书内容简洁、
插图精美特别适合对航空发动机感兴趣的青少年读者阅读。

◆ 编 中国航发融媒体中心
　　责任编辑 刘盛平
　　责任印制 马振武

◆ 人民邮电出版社出版发行 北京市丰台区成寿寺路 11 号
　　邮编 100164 电子邮件 315@ptpress.com.cn
　　网址 https://www.ptpress.com.cn
　　北京捷迅佳彩印刷有限公司印刷

◆ 开本：889×1194 1/16
　　印张：2.5 2025 年 2 月第 1 版
　　字数：50 千字 2025 年 2 月北京第 1 次印刷

定价：59.80 元

读者服务热线：(010)81055410 印装质量热线：(010)81055316
反盗版热线：(010)81055315

目 录

夜空中，一盏盏承载着美好祝愿的孔明灯缓缓上升。

孔明灯里有火加热，使灯内的空气温度上升，密度变小，比外界的空气轻，从而产生向上的浮力，带动孔明灯向上飞。热气球也是利用这个原理升空的。但是，要把比孔明灯和热气球重得多的物体送上天空可就困难重重了。

像鸟儿一样在天空飞翔，是中华民族自古以来的梦想。中华上下五千年，不同时期都有着飞翔的印记，其中重要的代表之一就是风筝。

当风筝与风的方向形成一定角度时，风筝上方空气的流速快，施加在风筝表面向下的压力较小，风筝下方空气的流速慢，产生较大的从下向上的压力，二者形成的压力差就把风筝带上了天空。

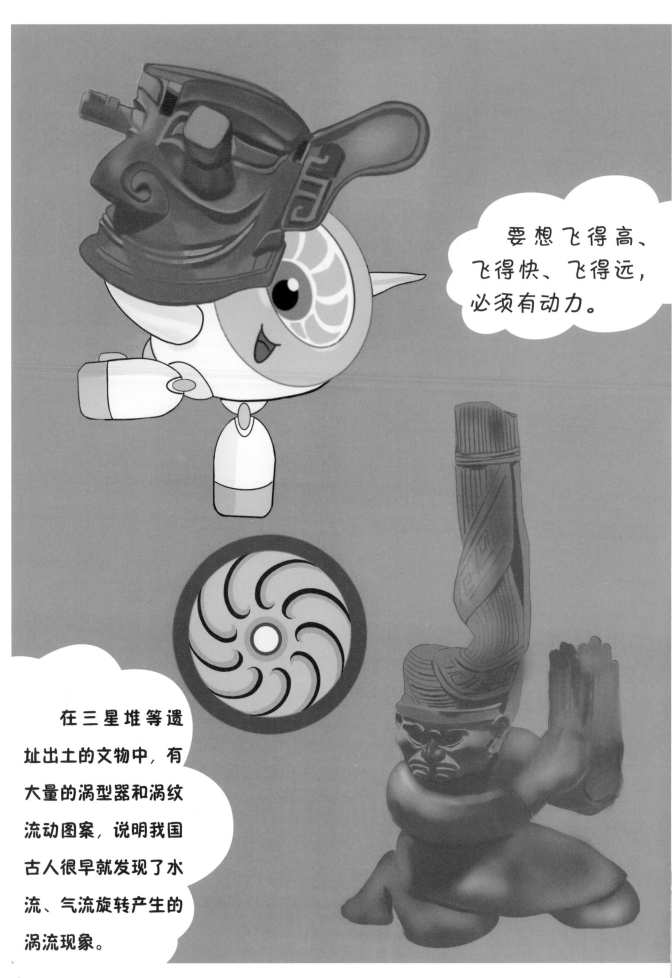

要想飞得高、飞得快、飞得远，必须有动力。

在三星堆等遗址出土的文物中，有大量的涡型器和涡纹流动图案，说明我国古人很早就发现了水流、气流旋转产生的涡流现象。

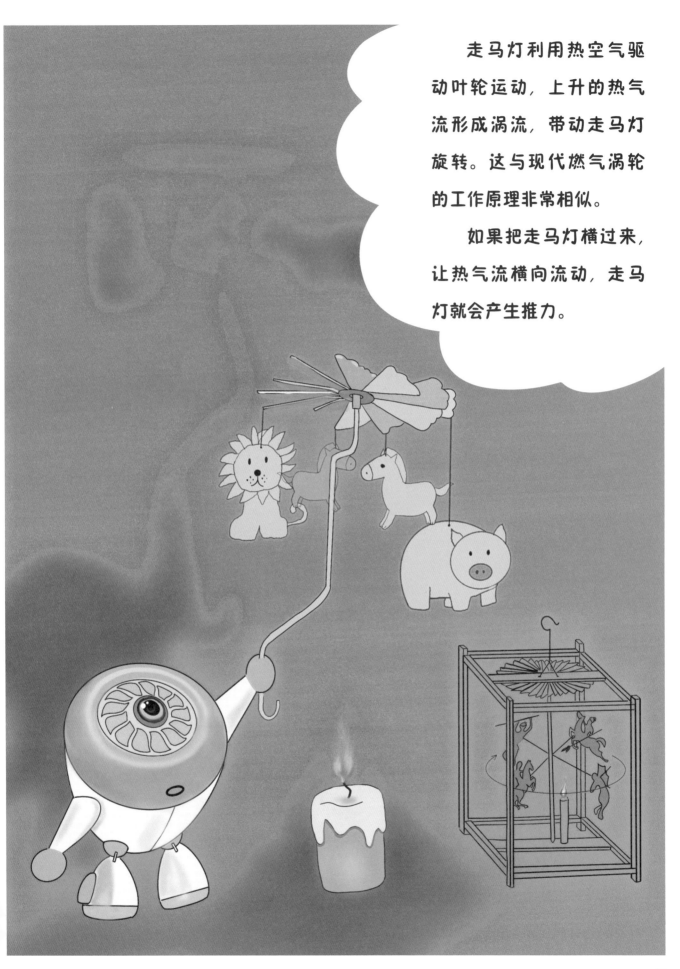

走马灯利用热空气驱动叶轮运动，上升的热气流形成涡流，带动走马灯旋转。这与现代燃气涡轮的工作原理非常相似。

如果把走马灯横过来，让热气流横向流动，走马灯就会产生推力。

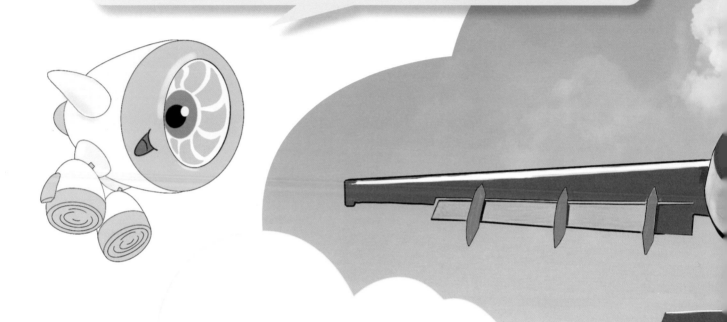

小朋友们，随着阵阵轰鸣声，数百吨重的飞机昂首起飞，你们知道为什么飞机能飞上天空吗？

没错，靠的就是被誉为现代工业"皇冠上的明珠"——航空发动机。

如同走马灯横过来一样，航空发动机吸入大量的空气，燃烧喷出气体，产生向前的推力，让飞机滑行。如同风筝一样，当飞机滑行到一定速度时，机翼上方空气的流速会远远超过下方空气的流速，在机翼上下巨大压力差的作用下，飞机就飞起来了。

没有航空发动机的强大动力，飞机这个庞然大物是不可能飞上天空的，所以航空发动机也被称作飞机的"心脏"。

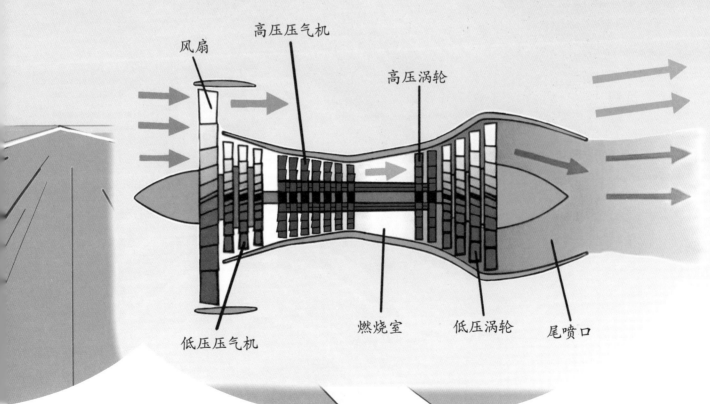

风扇

高压压气机

高压涡轮

低压压气机

燃烧室

低压涡轮

尾喷口

航空发动机研制极其难

跟着发仔一起来看看航空发动机的研制历程吧!

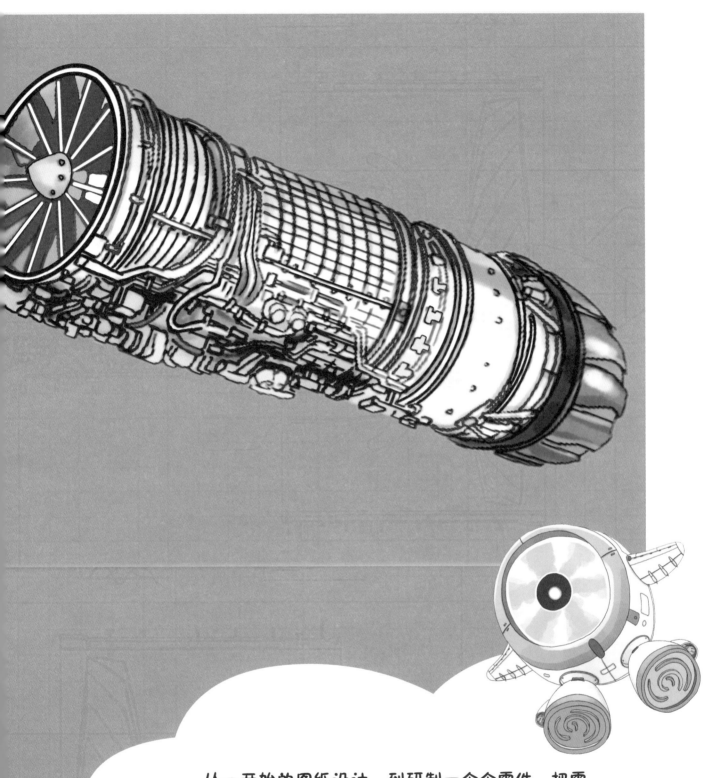

从一开始的图纸设计，到研制一个个零件，把零件组装成核心机，再从核心机升级到验证机、原型机，最后装上飞机服役，这个过程十分漫长，往往需要十余年的时间，耗尽一代人的宝贵青春。

　　航空发动机由风扇、压气机、燃烧室、涡轮、尾喷管和外部管路附件等部分组成，每个部分有若干组件和零件。

　　一般的民航飞机的发动机有数万个零件，要把这些零件紧密排布在直径两米多、长度四米左右的圆筒内，相当于在"螺蛳壳里做道场"。

导向器叶片　　转子叶片

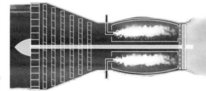

　　航空发动机是一种复杂的热力机械。研发航空发动机，最开始要做的工作是设计。在这个环节，不仅要考虑整机质量、结构强度、性能指标等，还要考虑零件的尺寸、材质以及不同温度、压力下的变形等因素，这就需要机械学、材料学、空气动力学、燃烧学等各领域的专家反复设计、计算。例如，要计算压气机的工作效率，需要运算能力为千亿次级别的超级计算机连续工作 24 小时。

　　图纸设计出来后，还要考虑能不能制造出来，就算拥有全套的航空发动机图纸，世界上也只有极少数国家能够将它造出来。

小朋友们快看！这就是气流在叶片间流动的样子。

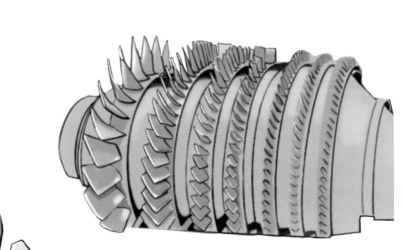

压气机转子叶片

风扇叶片

为了让气流更顺畅，航空发动机的绝大多数零件都具有复杂的流线型和曲面形状，有些还处于视觉盲区，眼睛看不到，手也摸不着，只能靠精湛的工艺和先进的设备来制造和检测。

当压气机转子高速旋转时，转子叶片会像游乐场中的飞椅一样被甩开，转子叶片和机匣间的距离远了就会漏气，近了就会碰撞。这极其考验机匣的圆度、热变形、转子叶片的精度以及转子叶片和机匣间的配合精度。

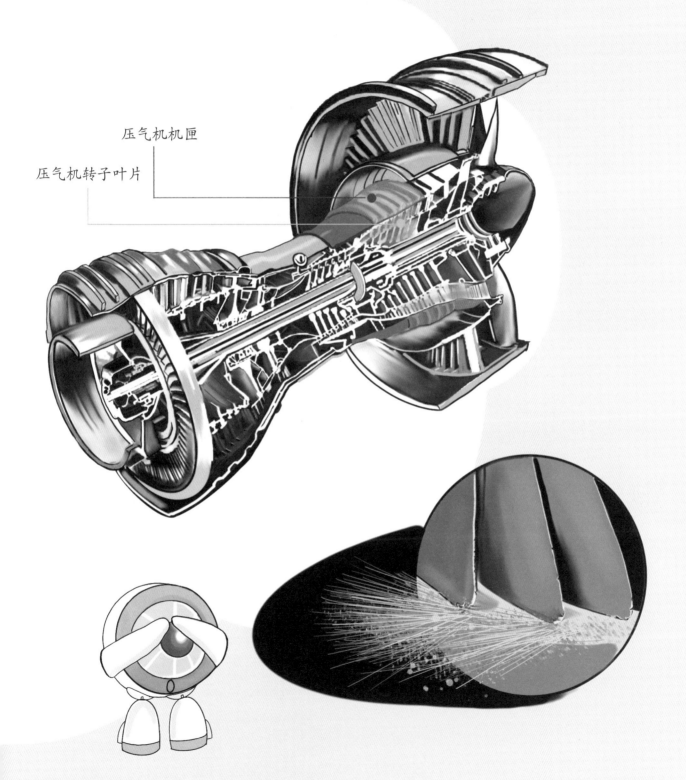

压气机机匣

压气机转子叶片

装配：工艺规程极其细

如果把航空发动机比作人体，机匣就是骨骼，管路就是神经和血脉，装配工艺直接决定了整机的工作效率和质量。

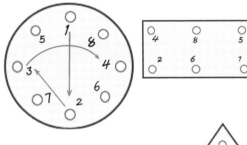

小朋友们，要注意螺栓拧紧的顺序！

螺栓拧紧顺序是有明确要求的，不能绕圈一个一个拧，必须按对角线十字交叉拧紧。在航空发动机外部的一些螺栓拧紧后还要用保险丝锁紧。如果螺栓拧得不均匀，连接的两个零件就会变形，造成整机振动。

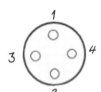

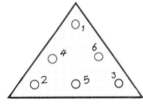

每颗螺栓更是要严格按规定的力矩和顺序拧紧。把螺栓拧到拧不动可不是一种稳定的连接，应先按照一定的力矩拧紧，然后松开几圈，最后按规定的力矩拧紧。这种拧螺栓的方式主要是释放应力，确保航空发动机长时间工作时不会有零件松动。

整机振动，这可是一个世界性的难题哟。

航空发动机的零件试验总时长超过一百万·小时，是所有旋转机械中试验时间最长的，有的零件试验需要连续做几年。

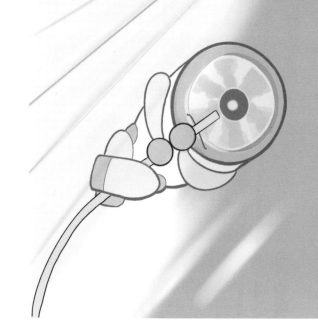

测量压气机"增压比"是部件试验的重头戏。当压气机转子转速达到每分钟4万多转时，可以把一个大型体育馆的空气压缩到一个小火柴盒子之中。压气机前后气压的比值就叫作"增压比"，"增压比"越高说明压气机技术越先进。

燃烧室试验是在 3 倍于 17 级台风速度的极端气流条件下实现稳定点火的试验，如同在飓风中点燃一根火柴，还要保持火焰的稳定。

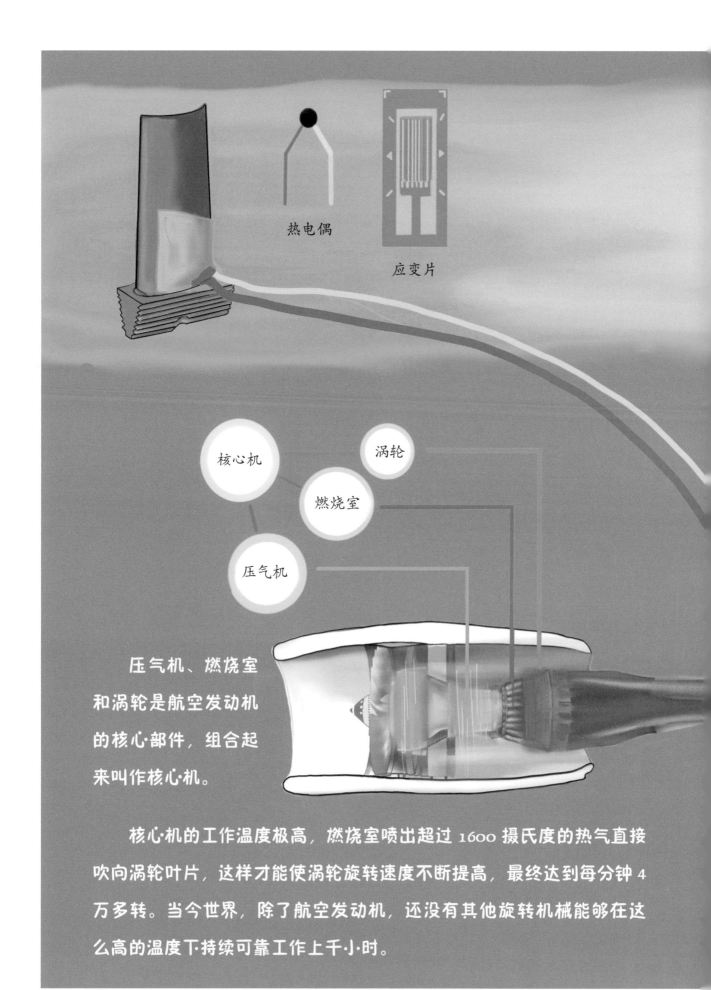

热电偶

应变片

核心机

涡轮

燃烧室

压气机

压气机、燃烧室和涡轮是航空发动机的核心部件，组合起来叫作核心机。

核心机的工作温度极高，燃烧室喷出超过 1600 摄氏度的热气直接吹向涡轮叶片，这样才能使涡轮旋转速度不断提高，最终达到每分钟 4 万多转。当今世界，除了航空发动机，还没有其他旋转机械能够在这么高的温度下持续可靠工作上千小时。

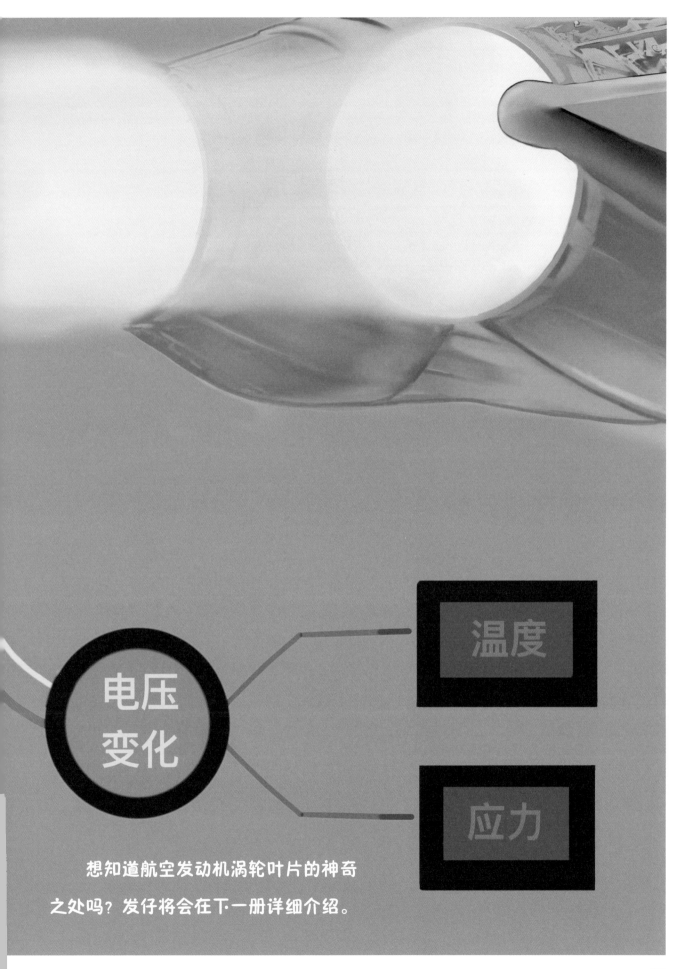

电压
变化

温度

应力

想知道航空发动机涡轮叶片的神奇
之处吗？发仔将会在下一册详细介绍。

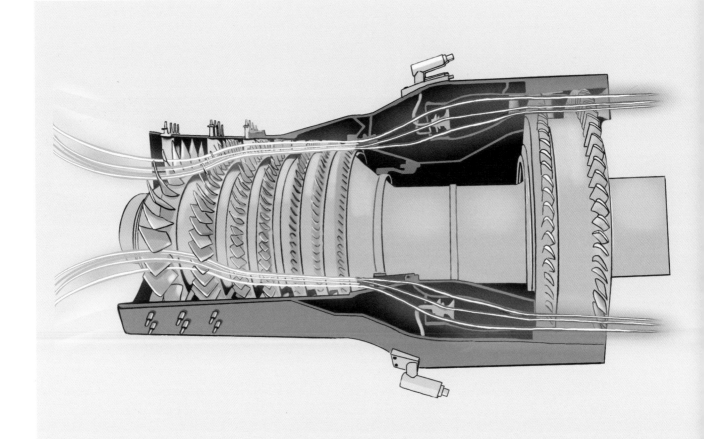

核心机必须精心协调压气机、燃烧室和涡轮这三大部件的性能，一旦进气量不足或者排气不顺畅，核心机就会"上气不接下气"，就像人"咳嗽"一样产生"喘振"。对航空发动机来讲，"喘振"的危害极大。

"喘振"，也是一个世界性的难题哟。

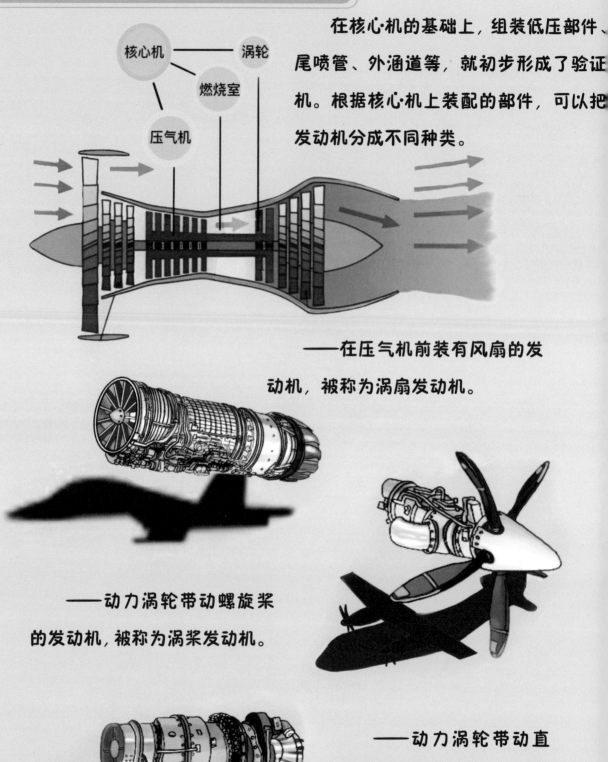

核心机 —— 涡轮

燃烧室

压气机

在核心·机的基础上，组装低压部件、尾喷管、外涵道等，就初步形成了验证机。根据核心·机上装配的部件，可以把发动机分成不同种类。

—— 在压气机前装有风扇的发动机，被称为涡扇发动机。

—— 动力涡轮带动螺旋桨的发动机，被称为涡桨发动机。

—— 动力涡轮带动直升机旋翼的发动机，被称为涡轴发动机。

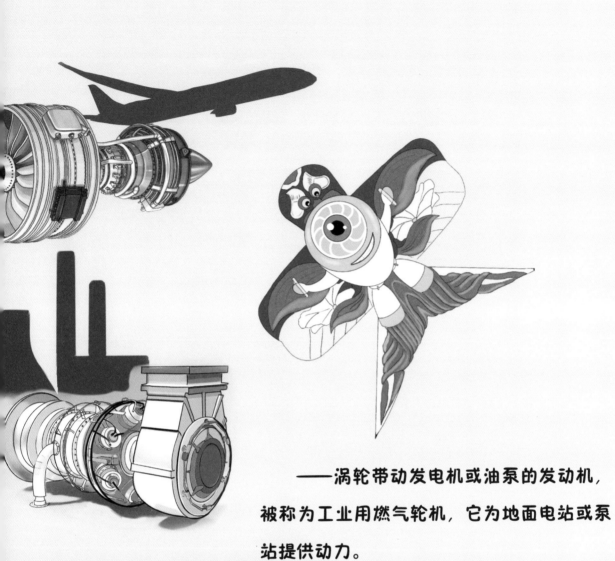

——涡轮带动发电机或油泵的发动机，被称为工业用燃气轮机，它为地面电站或泵站提供动力。

——涡轮带动舰船螺旋桨的发动机，被称为船用燃气轮机。

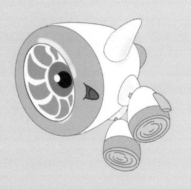

　　在第十二届中国国际航空航天博览会上，我国自主研制的歼-10B推力矢量验证机成功展示了"眼镜蛇机动"等难度极高的飞行动作，充分展示了我国新型航空发动机的优异性能。

　　这些飞行动作极易导致航空发动机"呼吸不畅"，引起"喘振"或整机振动异常。但中国航发科技人员通过不懈努力，攻克了这两个世界性难题，也验证了我国在新技术、新材料、新工艺研究方面取得的成果。

天空之大，广阔无垠。飞机飞行有速度和高度的限制，也就是飞行包线。

原型机飞行试验的目的就是要"触摸"飞行的边界，给航空发动机画一道红线。

"低空大表速"试飞就是要在飞机不解体的前提下，测试出"贴地飞行"的最大速度。在这种飞行状态下，地面的砂石很容易被吸入航空发动机中，造成像被炮弹击中一样的危害性后果。

　　"空中起动"试飞需要在空中飞行时先将航空发动机关闭，再在飞机急速下落时尝试重启航空发动机，一旦失败，飞行员只能迫降甚至跳伞逃生。

　　像这类风险极高的试验还有很多，原型机试飞时长达数千小时，飞行距离相当于绕地球赤道上百圈。

　　飞行环境越复杂，环境试验种类就越多。有些破坏性的试验需要在地面露天环境中进行。例如，吞鸟试验、吞冰试验、吞砂试验、吞水试验、吞入火药气体试验等都需要在航空发动机露天试车台进行，让航空发动机尝遍"酸甜苦辣"的滋味。

想要了解这些试验，可以翻看已出版的《发仔带你去历险——航空发动机是怎么工作的》一书。

AES100
型号合格证

适航条例

航空发动机
审定

据有关组织对某段时间所发生的伤亡事故的比较研究，坐飞机比坐汽车安全 22 倍。

　　取得型号合格证和生产许可证是通过适航审查的标志，意味着航空发动机的安全水平达到了每百万飞行小·时中发生机毁人亡事故的概率小·于一次，只有这样才能进入民航市场。

　　适航规章的宗旨是保障飞行安全，《航空发动机审定》这一规范性文件就有 450 多页，覆盖了设计、生产、使用和维修全过程。

　　叶片飞脱是适航试验中风险最大的项目。当航空发动机处于最大转速时，把最大的一个叶片从根部断开，飞出的叶片像炮弹一样砸向机匣，破坏力如同航空发动机内部发生爆炸。

　　适航规章要求机匣既能包住叶片、不被打穿，又要保证不着火，最大限度保证乘客和飞机的安全。

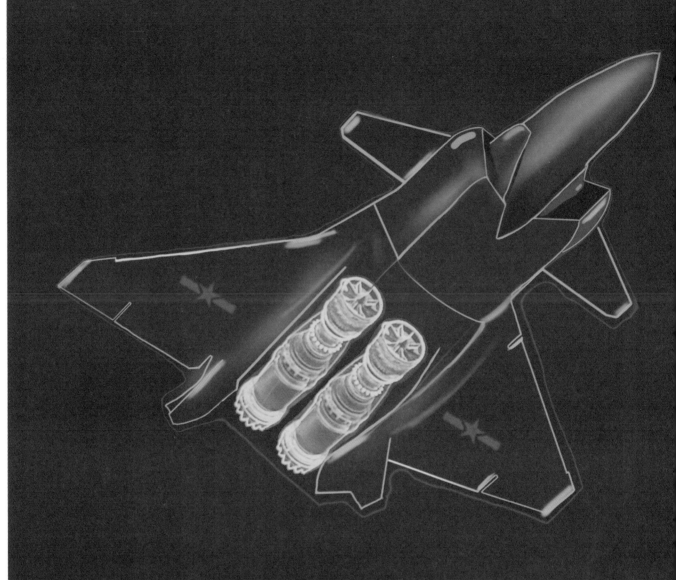

　　无论是在繁忙的航线上，还是在保卫祖国的辽阔天空时，航空发动机作为飞机的"心脏"永远跳动不止。强劲动力"中国心"！